AF401310

ANALYSE IMMÉDIATE DU JAUNE D'ŒUF

OU SUR LA

NON EXISTENCE DES LÉCITHINES

LIBRES OU COMBINÉES.

LA RÉTINE

PAR

Nicola Alberto BARBIERI.

PARIS,

GAUTHIER-VILLARS, IMPRIMEUR-LIBRAIRE

DU BUREAU DES LONGITUDES, DE L'ÉCOLE POLYTECHNIQUE,

Quai des Grands-Augustins, 55.

1911

ANALYSE IMMÉDIATE DU JAUNE D'ŒUF

OU SUR LA

NON EXISTENCE DES LÉCITHINES

LIBRES OU COMBINÉES.

LA RÉTINE.

48775   PARIS. — IMPRIMERIE GAUTHIER-VILLARS

Quai des Grands-Augustins, 55.

ANALYSE IMMÉDIATE DU JAUNE D'ŒUF

OU SUR LA

NON EXISTENCE DES LÉCITHINES

LIBRES OU COMBINÉES.

LA RÉTINE

PAR

Nicola Alberto BARBIERI.

PARIS,

GAUTHIER-VILLARS, IMPRIMEUR-LIBRAIRE

DU BUREAU DES LONGITUDES, DE L'ÉCOLE POLYTECHNIQUE,

Quai des Grands-Augustins, 55.

1911

ANALYSE IMMÉDIATE DU JAUNE D'OEUF

OU SUR LA

NON EXISTENCE DES LÉCITHINES

LIBRES OU COMBINÉES.

The hand of little employment hath the
daintier sense.

SHAKESPEARE, *Hamlet*, Act. V, Sc. 1.

Dans l'espace de 6 ou 7 ans, j'ai employé 4050 œufs frais
pour les recherches chimiques, 3000 jaunes d'œufs ont servi à
trouver une méthode simple qui, par le seul emploi des solvants
neutres, permet la séparation intégrale des différents principes qui
y sont contenus.

Puisque ces principes sont séparés dans leur totalité, la méthode
d'analyse qualitative que je viens d'établir est, en même temps, une
méthode quantitative.

Pour donner à mes recherches une plus grande précision, j'ai
répété l'étude sur 1050 œufs frais. Je décrirai avec soin cette dernière opération.

Les résultats préliminaires que j'ai obtenus pendant ce laps de
temps, ont été l'objet de Communications diverses, soit à l'Aca-
démie des Sciences ([1]), soit aux Congrès d'Heidelberg ([2]), de
Londres ([3]) et de Vienne ([4]).

Maintenant que l'étude est complète, je puis en faire un exposé
détaillé.

([1]) *Comptes rendus*, 8 juillet 1907 et 1er Août 1910.

([2]) *Liebenter internationaler Physiologen-Kongress*, Heidelberg, 13-17 August
1907.

([3]) *The Seventh International Congress of Applied Chemistry*, London, May
27the to June 2nd 1909. Section IV, t. II, p. 61 et 62. BARBIERI, *The Chemical
composition of Yolles of Eggs, the non exsistence of Lecithine*.

([4]) VIIIe *Internationaler Physiologen-Kongress*, Wien, 27-30 sept. 1910.

(*a*) *Sur la non existence des lécithines libres ou combinées dans le jaune d'œuf :
preuves nouvelles et définitives.*

(*b*) *Sur le prétendu phosphore organique.*

En général, la séparation des différents principes est très difficile en Chimie biologique, car il faut éviter l'emploi des moyens violents, qui peuvent altérer ces mêmes principes.

J'ai tâché, avec le plus grand soin, de séparer et de bien identifier les différents principes entre eux. A cet effet, j'ai plusieurs fois répété la même opération.

De plusieurs principes que j'ai isolés, la composition et la constitution (les corps gras) sont connues. Pour d'autres principes, la constitution demeure encore douteuse (la cholestérine). Je n'ai pas essayé d'établir la constitution des principes nouveaux que j'ai isolés. Cette lacune sera peut-être un jour remplie par d'autres observateurs.

Méthode d'extraction. — J'ai séparé soigneusement le jaune et le blanc de 1050 œufs frais. Les jaunes, réunis par 20 à la fois, sont écrasés dans un mortier pour détruire la membrane qui les enveloppe et pour rendre la masse homogène. Cette masse jaunâtre et fluide, qui peut se transvaser d'un récipient dans un autre, est versée dans un flacon de 15^l. On répète cette même opération sur les autres œufs, ayant soin d'en distribuer la masse dans trois flacons de 15^l chacun. Chaque flacon contient, par conséquent, 350 jaunes d'œufs.

Il est nécessaire que cette opération soit achevée dans une seule journée.

On ajoute à chaque flacon 1^l à la fois de sulfure de carbone pur et neutre, et l'on agite quelque temps chaque flacon, de façon que le CS^2 puisse complètement pénétrer la masse jaunâtre.

Les nouvelles additions de CS^2 doivent être suivies par des nouvelles agitations des flacons, jusqu'à ce que ces flacons soient complètement remplis de CS^2. En général, 25^l ou 30^l de CS^2, suffisent pour remplir les trois flacons. La masse jaunâtre, au contact du CS^2 se gonfle, perd sa fluidité et se transforme en une masse compacte, bien adhérente aux récipients. Toutefois, elle n'abandonne aucun liquide surnageant sur le CS^2, comme cela se vérifie dans l'extraction sulfocarbonée de la rétine ou du tissu nerveux.

On bouche les flacons au liège, on les cachette à la cire molle, on enveloppe les cols avec du papier d'étain épais. On renferme les flacons dans des boîtes cylindriques de fer émaillé, et on les laisse

pendant 3 mois dans une cave à une température d'environ 12"
à 14°.

Pendant ces 3 mois, le CS^2 s'est emparé de la plus grande
partie de corps gras qui sont contenus dans les jaunes d'œufs, et en
même temps d'autres principes qui peuvent être dissous dans ces
corps gras.

Les corps gras donnent au CS^2 une couleur jaunâtre. La solution
sulfocarbonée très colorée, se dépose au fond des flacons, tandis
qu'une masse compacte surnage. Les flacons présentent deux couches bien distinctes : une couche inférieure liquide (a), surmontée
d'une couche solide (b). On siphonne les couches inférieures
liquides, on les réunit, et l'on obtient ainsi une fraction A, qui est
formée par l'ensemble des principes solubles dans le CS^2.

On ajoute des nouvelles quantités de CS^2 dans les flacons; on
laisse quelque temps en contact en les agitant souvent. On siphonne
à nouveau le CS^2 qui, coloré en jaune, s'est déposé au fond des
flacons, et l'on répète plusieurs fois cette opération jusqu'à ce que
les dernières additions de CS^2 restent incolores.

Toutes les solutions sulfo-carbonées réunies sont filtrées et forment
la première fraction A.

Fraction A *ou principes solubles dans le* CS^2. — Malgré le
contact prolongé du CS^2 avec la masse b, le CS^2 ne s'empare pas de
la totalité des corps gras qui sont contenus dans le jaune d'œuf.
L'expérience a démontré que, même si l'on sèche à 110"C. une
partie de cette masse (b) et qu'ensuite si on la traite soit par le
chloroforme, l'éther, la benzine, l'alcool, le CS^2, jamais on obtient
un résidu complètement dépourvu de corps gras.

Cette difficulté de séparer les dernières traces de corps gras a fait
admettre la présence d'une lécithine combinée. En effet, si le résidu
a été dégraissé d'une manière incomplète et s'il est soumis à la saponification par le baryte, on trouve toujours, parmi les produits de
dédoublement, des acides gras, de la glycérine, et des principes
azotés, précipitables par le chlorure de platine.

L'ensemble de ces produits de la saponification du résidu,
dégraissé d'une manière incomplète, a pu, à juste titre, faire
admettre une lécithine combinée.

Mais si l'on parvient, à l'aide d'une méthode appropriée, à débarrasser la masse (b) des dernières traces de corps gras, on peut s'apercevoir qu'il n'y a pas de lécithine combinée.

Le CS^2 en pénétrant les jaunes d'œufs le gonfle considérablement, cependant il n'en chasse pas l'eau contenue dans les jaunes avec les sels et les principes solubles dans cette eau.

Si l'on sèche une partie de la masse (b), l'eau disparaît, mais les principes qui étaient au préalable dissous dans cette eau forment, avec les corps gras, des résidus fixes, insolubles dans les véhicules neutres (même dans l'eau) que seulement par une saponification prolongée peuvent être dédoublés.

Pour enlever à la masse (b) les corps gras restants, il faut procéder de la manière suivante :

On ajoute dans les flacons, après le dernier siphonnage de CS^2, un excès d'alcool fort ($96°$), et l'on agite les flacons. On constate que la masse (b) devient granuleuse, perd son aspect compact, elle se recueille au fond des flacons, tandis que l'alcool change de titre ($76°$) et se colore en jaune.

On sépare par décantation cette quantité d'alcool et l'on ajoute dans les flacons une autre quantité d'alcool fort, qu'on renouvelle plusieurs fois jusqu'à ce que le dernier alcool employé reste incolore.

A ce moment, on agite violemment les flacons et l'on jette sur des grands filtres tout le contenu des flacons. Les flacons sont lavés à l'alcool et cet alcool est aussi jeté sur les filtres. Sur les filtres reste une masse granuleuse jaunâtre.

Tous les alcools sont réunis et ils sont laissés quelque temps au repos. On constate alors que la solution alcoolique se divise en deux couches : une couche inférieure (c) très faible, sulfocarbonée, et une couche supérieure (d) ou alcoolique très grande. Ces couches sont séparées par décantation; le CS^2 de la couche sulfocarbonée est évaporé et le résidu complètement dissous dans un peu de CS^2 est additionnée à la fraction A. Malgré la séparation de la couche sulfo-carbonée de la couche alcoolique, on constate que l'alcool garde une odeur de CS^2; ce sulfure de carbone est éliminé par distillation.

L'alcool, débarrassé des dernières traces de CS^2, est évaporé au bain-marie et à douce chaleur ($51°-55°$ C.). Dès que tout l'alcool a été évaporé, on doit arrêter l'opération. Le résidu forme une masse pâteuse et molle. Ce résidu est repris par le chloroforme, et il se divise en trois couches bien distinctes. Une couche inférieure (*e*) aqueuse, une couche supérieure chloroformée (*f*) et une couche solide et blanche (*g*) intermédiaire.

On filtre. La couche (*g*) reste sur le filtre. La couche aqueuse (*e*) est séparée de la couche chloroformée (*f*) à l'aide de la boule à décantation. Le chloroforme de la couche (*f*) est évaporé et le résidu, complètement dissous dans la moindre quantité de CS^2, est ajouté à la fraction A sulfocarbonée.

La couche aqueuse (*e*) forme *la fraction* B, ou principes qui, avec les sels, étaient solubles dans l'eau des jaunes d'œufs.

La petite couche (*g*), solide et blanche, qui est restée sur les filtres, forme *la fraction* C, ou principes coagulés par l'alcool. Cette fraction est entièrement représentée par une albumine coagulée par l'alcool ou paravitelline.

La grande masse, granuleuse et jaunâtre, qui a été épuisée d'abord par le CS^2 et, ensuite, par l'alcool, détachée des grands filtres, est étalée dans des cuvettes, afin d'éliminer la totalité de CS^2 et de l'alcool.

Dès que le CS^2 et l'alcool se sont évaporés, on sèche à l'étuve à 37° C. cette masse granuleuse, qui est encore légèrement jaunâtre. La masse, ainsi séchée à l'étuve, est plusieurs fois reprise par l'alcool-éther, jusqu'à ce que le dernier alcool soit incolore.

On sépare par filtration le résidu blanc du dernier alcool-éther employé.

Les alcools-éthers sont réunis, filtrés et évaporés : le résidu, complètement dissous dans la moindre quantité de CS^2, est ajouté à la fraction A.

Le résidu blanc, séché dans le vide, forme *la fraction* D (ovovitelline) ou résidu insoluble dans tous les véhicules neutres.

Ce résidu est complètement dépourvu de toutes traces de corps gras.

La solution sulfocarbonée (fraction A) ne peut pas se garder indéfiniment sans quelque danger : il peut se produire, en outre, un dépôt de cristaux de soufre, surtout si le CS^2 employé n'était pas chimiquement pur.

La plus grande partie du CS^2 de cette fraction A doit être éliminée par distillation, et les dernières parties à l'aide d'un courant d'air sec. Dès que l'élimination totale du CS^2 a été effectuée, on s'aperçoit que le résidu jaunâtre est liquide et huileux.

Ce liquide huileux, qui ne contient qu'une faible quantité de principes solides, est dissous dans la plus petite quantité de benzine pure (sans thiophène), afin d'éliminer toute trace d'albumine qui aurait pu être entraînée dans la solution primitive sulfocarbonée.

On filtre, la benzine est distillée et le résidu liquide est dissous dans l'éther. On filtre, et la solution éthérée peut se garder longuement sans la moindre crainte d'altération.

Ainsi, comme on le voit, de la primitive solution sulfocarbonée nous sommes passé à une solution benzinique, et de la solution benzinique à une solution éthérée définitive.

Bref, le jaune d'œuf, soumis à l'action du CS^2, de l'alcool, du chloroforme, de l'alcool-éther, a fourni quatre fonctions bien distinctes, dont les deux premières sont liquides, les deux dernières sont solides.

Ces fractions sont :

I. **Une fraction** (A) éthérée, neutre, qui contient (α) l'ensemble des corps gras neutres solubles dans l'éther, (β) l'ensemble des principes et sels qui sont solubles dans ces mêmes corps gras.

II. **Une fraction** (B) aqueuse, neutre, qui contient (γ) l'eau des jaunes d'œufs, (δ) les principes et les sels solubles primitivement dans cette eau.

III. **Une fraction** (C) solide, neutre, insoluble dans les véhicules neutres, coagulés par l'alcool ou paravitelline.

IV. **Une fraction** (D) solide, neutre, ou ovovitelline, insoluble dans les véhicules neutres et complètement dépourvue des corps gras.

Le jaune d'œuf est liquide, l'ovovitelline coagulée par les solvants employés est séparée à l'état solide. Probablement l'ovovitelline se trouve dissoute dans les corps gras.

Si les corps gras dans le jaune d'œuf représente un milieu de dissolution d'autres principes, il est probable que certains solvants neutres (CS^2, alcool, chloroforme, etc.), en séparant les corps gras, séparent en même temps quelques principes que ces mêmes corps gras tiennent en solutions, et dont les solvants neutres n'ont point altéré l'état physique. Les solvants neutres en altérant l'état physique de l'ovovitelline permettent la séparation intégrale de cette albumine.

Si donc les corps gras dans le jaune d'œuf représentent un milieu naturel de dissolution il est nécessaire de commencer l'étude des autres fractions (B), (C), (D) avant d'aborder l'étude de la fraction éthérée (A). Car si dans les fractions (B), (C), (D), nous trouvons un certain nombre des principes ou de sels qu'ensuite nous retrouverons dans la fraction (A), il est probable que les corps gras de la fraction (A) tiennent en solution ces mêmes principes ou sels que la méthode d'extraction ne permet pas d'éliminer d'une manière complète.

D'autre part, si, par des moyens physiologiques simples, tel que la dialyse, nous pouvons séparer des corps gras quelques principes ou quelques sels que nous avons séparés dans les autres fractions (B), (C), (D) et si, après une telle séparation, les corps gras gardent leur composition chimique intégrale, nous avons résolu le problème que dans le jaune d'œuf les corps gras représentent des solutions et non des combinaisons chimiques.

Les lécithines sont des mélanges.

Pour arriver a cette conclusion, il a fallu faire l'étude complète du jaune d'œuf.

I.

ÉTUDE DES FRACTIONS SOLIDES.

FRACTION D.

L'ovovitelline.

Cette fraction est entièrement formée par une protéine neutre, blanche, granuleuse, dépourvue de toute trace de corps gras, insoluble dans les véhicules neutres ou *ovovitelline*.

L'ovovitelline a été considérée comme une lécitho-albumine ou comme un nucléo-albumine. L'ovovitelline n'est pas une lécithoalbumine, elle n'est non plus un nucléo-albumine. Voici les preuves :

A. — ABSENCE DE LÉCITHINES COMBINÉES.

I. 100^8 d'ovovitelline pure sont soumis au bain-marie pendant 72 heures à l'hydrolyse sulfurique 2 pour 100. On obtient une partie liquide (a) et une partie solide insoluble (b) qu'on sépare par filtration.

La partie insoluble (b), séchée à l'étuve à 37° C., est successivement traitée par l'éther et le chloroforme.

L'évaporation de ces solvants n'abandonne la moindre trace d'acide gras ou de corps gras. Cette même partie (b) débarrassée de l'éther et du chloroforme est traitée à chaud par l'alcool fort. L'évaporation à froid de l'alcool ne laisse la moindre trace de glycérine.

Dans la partie liquide (a), on élimine la presque totalité de H^2SO^4 par l'eau de baryte, ayant soin de laisser la liqueur légèrement acide. On réduit la liqueur au tiers. La liqueur ainsi réduite est plusieurs fois agitée par l'éther. L'éther, après évaporation, ne laisse la moindre trace d'acide ou de corps gras. La liqueur, partie (a), ainsi réduite après élimination de l'éther, est additionnée d'alcool fort.

L'alcool précipite un corps albuminoïde absent de cendres et de phosphore.

La partie liquide (a), débarrassée du corps albuminoïde et des dernières traces de H^2SO^4 par l'eau de baryte, est séchée à douce chaleur (50° C.) au bain-marie. On obtient une masse solide brunâtre (c).

Une partie de cette masse, dissoute dans l'eau, est traitée par le chlorure de platine; elle a donné, par addition d'alcool, un chloro-platinate (?) qui contient 12 pour 100 de platine.

Absence de choline. — (Platine dans le chlorhydrate de choline, 33 pour 1000.)

La masse brûnatre (c), traitée successivement par l'alcool et l'éther, n'a donné la moindre trace de glycérine et d'acide ou corps gras.

Le résidu brunâtre (c) contient 4 pour 100 de cendres, dont le 20 pour 100 est fourni par les phosphates solubles et le 80 pour 100 par les phosphates insolubles.

J'ai répété toutes les manipulations et analyses indiquées d'une part sur 100^g d'ovovitelline pure, soumise à une hydrolyse sulfurique 5 pour 100, et d'autre part sur 100 autres grammes d'ovovitelline pure soumise à une hydrolyse sulfurique 10 pour 100. J'ai toujours obtenu les mêmes résultats, à savoir : absence de glycérine, de corps gras ou d'acides gras et de choline.

On peut facilement admettre qu'une hydrolyse sulfurique 2, 5, 10 pour 100, prolongée pour l'espace de 72 heures, à une température de 85° C. au bain-marie, soit insuffisante à provoquer le dédoublement des corps gras et la séparation de ces corps de l'ovovitelline. Pour éviter cette objection, j'ai soumis à la saponification par la baryte 6 pour 100, 200ᵍ d'ovovitelline pure. Parmi les produits de dédoublement, je n'ai trouvé ni glycérine, ni acides gras, ni choline.

En résumé, l'ovovitelline pure, soumise à l'hydrolyse sulfurique de plus en plus concentrée (2, 5, 10 pour 100) et à la saponification par la baryte, n'a pas fourni les éléments d'une lécithine, à savoir : glycérine, acides gras et choline. D'autre part, le phosphore, comme je le démontrerai plus tard, se trouve dans l'ovovitelline à l'état de phosphore minéral, c'est à dire à l'état de phosphate soluble ou insoluble. Pour l'ensemble de ces preuves, je suis obligé à conclure que le nom de lécitho-albumine doit être radié de la littérature chimique.

B. — Absence de nucléo-protéides.

L'ovovitelline pure, absente de corps gras, n'a pas fourni la moindre trace de lécithine et de nucléine. Pour démontrer que l'ovovitelline n'est pas une nucléoprotéine, il serait nécessaire de faire une étude des différents produits de dédoublement de cette protéine, soumise à l'hydrolyse acide ou barytique. Mais je n'ai pas encore entrepris l'étude des albumines, et j'ignore si les moyens violents, généralement employés pour connaître les constitutions de ces corps, soient des moyens physiologiques. Toutefois, pour le moment, je me bornerai à démontrer que le phosphore se trouve dans l'ovovitelline, seulement à l'état de phosphore minéral.

J'ai toujours observé que tout principe biologique qui contient du phosphore contient en même temps des cendres phosphatées. Les phosphines toutefois ne contiennent pas de cendres, mais les phosphines sont des produits organiques artificiels.

Le résidu d'un principe biologique (animal ou végétal) qui contient du phosphore, soumis à chaud à l'action des acides (HCl ou H_2SO_4) de plus en plus concentrés perd la totalité de son phosphore exactement quand il ne fournit plus de cendres.

La distinction de phosphore minéral, de phosphore conjugué et de phosphore organique est tout à fait arbitraitre. On dit : Si un tissu est soumis à l'action de l'HCl 0,5o pour 1000 et à chaud pendant 2 heures, on a du phosphore minéral. Si le résidu est ensuite soumis au chaud pendand 2 heures et à l'action de l'HCl 5 pour 100 on a le phosphore conjugué, le phophore qui reste dans le tissu après un épuisement à chaud avec l'HCl 5 pour 100 est le phosphore organique. En effet l'HCl et l'H^2SO^4 5 pour 100 ne peuvent pas enlever la totalité du phosphore. Dans ce cas l'expérience démontre que le résidu contient encore des cendres phosphatées, et ces cendres disparaissent quand on augmente la concentration des acides.

J'aurai plutôt compris cette loi : Un tissu organique phosphoré soumis à chaud à l'action des acides de plus en plus concentrés (HCl, H^2SO^4) finit par donner un résidu absent de cendres. Le phosphore que l'on trouve alors dans ce résidu, est le phosphore organique. Mais un résidu, épuisé par les acides, s'il a perdu la totalité de ses cendres, il a aussi perdu la totalité de son phosphore. Donc le phosphore se trouve dans tous les tissus animaux ou végétaux seulement à l'état de phosphore minéral, à savoir à l'état de phosphates solubles ou insolubles.

Les grains d'ovovitelline pure, soigneusement observés au microscope, ne présentent pas de noyaux.

L'ovovitelline contient de 0,5o à 0,6o pour 100 de Ph.

Si l'on soumet à la dialyse 100ᵍ d'ovovitelline pure dans les eaux du dialyseur, on ne trouve pas des principes organiques, mais on trouve toujours de 0,10 à 0,15 pour 100 de phosphore.

Si l'on soumet l'ovovitelline à une dialyse acide (1 ou 2 pour 100 de H^2SO^4), on ne trouve pas de principes organiques dans les eaux du dialyseur, mais on trouve toujours de 0,15 à 0,20 pour 100 de Ph.

J'ai dit que l'ovovitelline à la suite d'une hydrolyse acide 2, 5, 10 pour 100 de H^2SO^4 au bain-marie et pour un espace de 72 heures se divise en deux parties : une partie (a) liquide et une partie (b) solide et insoluble.

Le phosphore augmente dans la partie liquide au fur et à mesure qu'augmente le degré de concentration de l'acide sulfurique. Cependant la partie solide (b) après une hydrolyse 5 pour 100 de H^2SO^4 garde encore de 0,15 à 0,18 pour 100 de phosphore. Cette même partie solide (b) perd la totalité du Ph après une hydrolyse prolongée 10 pour 100 de H^2SO^4, et dans ce cas la partie B ne donne plus de cendres.

Il est un peu difficile d'admettre qu'une combinaison organique de Ph ne serait pas atteinte par une une hydrolyse acide 5 pour 100 de H^2SO^4.

Il est connu que les os possèdent la totalité du Ph à l'état de phosphore minéral.

1^{kg} d'os de bœuf sont dégraissés complètement à l'aide du CS^2.

Les os ainsi dégraissés sont réduits en poudre très fine. Cette poudre est traitée par l'eau bouillante, et le résidu de l'évaporation de l'eau contient de 0,50 à 0,60 pour 100 de phosphore.

Si une partie de cette poudre d'os est soumise à la dialyse simple, on trouve dans les eaux du dialyseur environ 0,25 à 0,30 pour 100 de phosphore. Cette quantité de phosphore augmente si la poudre d'os est soumise à une dialyse acide prolongée (H^2SO^4 1 ou 2 pour 100).

Si la poudre d'os est soumise à une hydrolyse 1, 5, 10, 15, 20 pour 100 de H^2SO^4, on trouve que la poudre d'os a complètement perdu la totalité du Ph après une hydrolyse 20 pour 100 de H^2SO^4, exactement quand le résidu ne donne plus de cendres.

Le Ph de l'ovovitelline se comporte à la dialyse simple, à la dialyse acide, à l'hydrolyse sulfurique de plus en plus concentrée, exactement comme se comporte la poudre d'os dégraissée soumise à la dialyse simple, à la dialyse acide, à l'hydrolyse sulfurique de plus en plus concentrée.

Le résidu de l'hydrolyse sulfurique de plus en plus concentrée de l'ovovitelline, ainsi que le résidu de l'hydrolyse sulfurique de plus en plus concentrée des os cessent de donner du Ph, lorsqu'ils ne contiennent plus des cendres.

Et puisque tous les chimistes sont d'accord pour retenir que le Ph se trouve dans les os à l'état minéral, et puisque aucun chimiste n'a jamais dit que la gélatine des os était combinée au phosphore organique, il n'y a pas de raisons non plus, après les expériences que je viens de faire, pour retenir que le Ph de l'ovovitelline se trouve sous une forme organique quelconque.

L'ovovitelline est donc une protéine phosphatée, ses phosphates

---

(^{1}) Au bain-marie à la température de 85°.

insolubles se déposent dans la gélatine des os pour former les os des poulets, toutes les fois que les œufs soumis à la période naturelle de l'incubation doivent donner origine aux nouveaux êtres.

FRACTION C.

Cette fraction est formée par une albumine coagulée par l'alcool ou paravitelline.

Après avoir épuisé les jaunes d'œufs par le CS^2, comme j'ai dit, j'ajoute à la masse insoluble dans le CS^2 de l'alcool fort afin de déshydrater cette masse. Dans l'alcool passe un peu de CS^2 avec les principes qui y sont dissous, mais en même temps passe la presque totalité de l'eau des jaunes d'œufs avec les sels et les principes qui, dans cette eau, se trouvent naturellement dissous.

Élimine le CS^2 de la manière indiquée (p.   ) si à une partie de la solution alcoolique qui a servi à déshydrater le résidu insoluble dans le CS^2, on ajoute un excès d'alcool absolu, il se forme un précipité blanc, légèrement granuleux, dépourvu de corps gras.

Ce précipité (A^1) est insoluble dans l'éther et le chloroforme, il est cependant soluble dans l'eau distillée. La solution aqueuse est limpide, elle mousse par agitation, elle précipite par l'alcool par la liqueur d'Erbach et par le sulfate d'ammoniaque. La solution aqueuse ne se coagule pas par la chaleur, mais elle se coagule par le contact prolongé avec l'alcool, et finit par perdre la propriété de se dissoudre dans l'eau distillée. La solution aqueuse précipite légèrement par le sulfate de magnésie en saturation.

Ce précipité (A^1), qui présente tous les caractères d'une albumine, je l'appelle *paravitelline*. Si l'on fait une extraction du jaune d'œuf par l'eau et l'éther, dans l'eau on trouve cette même albumine, qui présente toutes les propriétés que je viens d'indiquer.

II.

ÉTUDE DES FRACTIONS LIQUIDES.

FRACTION B.

Cette fraction aqueuse est colorée en jaune. Elle est formée d'une matière colorante, l'ovocromine, et du chlorure de sodium.

On réduit à douce chaleur cette fraction B au plus petit volume possible, sans cependant pousser la réduction jusqu'à la sécheresse. On ajoute, par chaque volume de la liqueur concentrée, 20^{vol} d'alcool absolu, et l'on a un précipité blanc, cristallin, qu'on sépare par filtration. C'est du chlorure de sodium.

On évapore l'alcool de la solution alcoolique, le résidu est repris par la moindre quantité d'eau distillée, dans laquelle il se dissous complètement. A cette solution aqueuse, on ajoute de l'acétone et l'on a un précipité visqueux qui est séparé par décantation. L'acétone est évaporée et le résidu est repris dans la moindre quantité d'eau. On ajoute à nouveau un excès d'acétone et l'on sépare le précipité qui se forme. On reprend le résidu de la distillation de l'acétone par une nouvelle quantité d'eau, et l'on reprécipite par l'acétone. On répète ainsi plusieurs fois cette opération, jusqu'à ce que le résidu de l'évaporation de la solution acétonique, après élimination du précipité, traité par le nitrate d'argent, ne donne le moindre trouble qui puisse indiquer la présence du chlorure de sodium.

L'acétone de la dernière solution acétonique est évaporée. Le résidu est repris par une faible quantité d'eau distillée, filtrée et évaporée à l'étuve à 37° C. On a alors une masse brunâtre, qui se laisse facilement réduire en poudre très fine. Elle est neutre.

Cette poudre jaune charbonnise vers 270° sans fondre : elle est légèrement hygroscopique.

Elle est insoluble dans l'alcool, l'éther, le chloroforme et dans tous les autres solvants neutres. Elle est soluble dans l'eau distillée. 1 centigramme d'ovocromine suffit pour colorer d'une manière intense un litre d'eau. La solution aqueuse ne précipite pas par l'alcool, la solution aqueuse d'ovocromine, acidifiée par HCl et additionnée de chlorure de platine, ne donne aucun chloroplatinate.

L'ovocromine ne contient pas de sulfate, elle ne contient pas de phosphore ; elle laisse une petite quantité de cendres dont l'existence du Fe est douteuse.

L'ovocromine a donné à l'analyse

$$C = 42.60 ; \quad H = 6,70 ; \quad S = 1.60 ; \quad N = 8.08 ; \quad O = 41.02.$$

Je ne crois pas que cette matière colorante du jaune d'œuf a été isolée par d'autres observateurs.

B.

Pour séparer le chlorure de sodium de l'ovocromine, à l'aide de l'acétone, il est nécessaire d'employer beaucoup de temps. En outre, on perd trop de matière colorante.

On ne peut pas dialyser la solution chlorurée d'ovocromine, car l'ovocromine et le chlorure de sodium passent en même temps à travers la membrane du dialyseur.

Pour éviter cet inconvénient et procéder avec quelque rapidité, j'ai trouvé la polydialyse. La polydialyse permet de séparer la totalité du chlorure de sodium, d'une part, et, d'autre part, la totalité de l'ovocromine.

Voici comme il faut procéder.

Le polydialyseur est formé par quatre dialyseurs superposés l'un à l'autre. Dans le premier dialyseur on met la matière à dialyser et dans les autres l'eau distillée. Le dernier dialyseur se trouve placé dans un cristallisoir comme l'indique le dessin.

La partie aqueuse qui forme la fraction C est versée dans le premier dialyseur, dans les autres dialyseurs et dans le cristallisoir on place de l'eau distillée.

Le chlorure de sodium se concentre dans le cristallisoir et dans les deux derniers dialyseurs. On change l'eau distillée dans les deux derniers dialyseurs, ainsi que dans le cristallisoir. On garde l'eau légèrement colorée du deuxième dialyseur qu'on remplace par une nouvelle quantité d'eau distillée. On répète ainsi plusieurs fois cette même opération en gardant d'un côté l'eau colorée du deuxième dialyseur, et d'un autre côté les eaux des autres dialyseurs et du cristallisoir jusqu'à ce qu'une partie de la solution d'ovochromine qui se qui se trouve dans le premier dialyseur ne donne plus la réaction des chlorures.

Les eaux du cristallisoir et des dialyseurs 3 et 4 sont évaporées, et le chlorure de sodium purifié par des cristallisations répétées et parfaitement semblables, dans tous ces caractères, au chlorure de

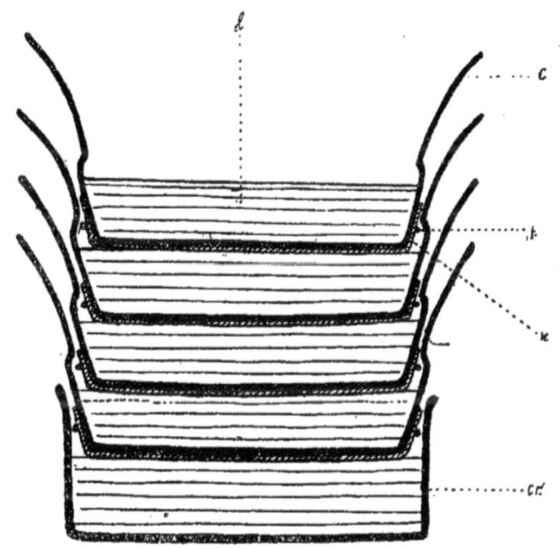

l, Matière à dialyser; *c*, Dialyseur; *c'*, Cristalloir; *f*, Ficelle; M, Membrane.

sodium chimiquement pur. La difficulté de séparer d'un liquide organique la totalité du chlorure de sodium a fait admettre la présence, me semble-t-il, du chlorure de sodium organique. Mais à l'aide de la polydialyse, la séparation de la totalité du chlorure de sodium qui se trouve dans un tissu ou liquide organique est très aisée.

ÉTUDE DE LA FRACTION A.

Cette fraction contient les corps gras, les principes et les sels qui peuvent se trouver dissous dans ces corps gras.

Les auteurs qui m'ont précédé ont constaté dans le jaune d'œuf la présence d'une quantité relevante d'huile qu'ils ont cherché à éliminer par des moyens différents. Les uns ont séché les jaunes d'œufs et ensuite les ont comprimés pour en chasser l'huile, les autres ont traité les jaunes d'œufs avec l'éther pour éliminer une grande partie de cette huile. Ensuite ils ont soumis le résidu à un traitement alcoolique et dans cette solution alcoolique ont essayé, en vain, soit à l'aide du chlorure de cadmium, soit par d'autres voies, de séparer les différents principes dissous par l'alcool. Leurs efforts ont abouti à identifier d'une part, sous le nom de *lécithine*, un mélange informe de plusieurs principes, et d'autre part à la création d'un groupe spécial de principes : les lécitho-albumines vu comme je l'ai déjà dit, la séparation incomplète de l'ovovditelline des corps gras.

Quoi qu'il en soit, les auteurs qui m'ont précédé ont isolé l'huile d'œuf, bien que d'une manière incomplète.

Or les huiles se divisent en deux grandes classes : les huiles solubles dans l'alcool et les huiles insolubles dans l'alcool. Si donc à la solution éthérée (fraction A) on ajoute un excès d'alcool, on peut séparer la totalité de l'huile, si l'huile d'œuf est insoluble dans l'alcool. C'est justement ce que l'expérience a prouvé. L'addition d'un excès d'alcool fort à la fraction éthérée A donne un précipité abondant, qu'on sépare par décantation. Le précipité est redissous dans la moindre quantité d'éther et reprécipité par l'alcool jusqu'à ce que le dernier alcool employé reste incolore. La fraction A s'est alors divisée en deux parties : un précipité (A′) et une solution alcoolique mêlée d'éther.

Le précipité est dissous dans l'éther, l'alcool de la solution alcoolique est concentré et l'huile d'œufs entraîné par l'éther qui se dépose est séparé par décantation, dissous dans l'éther et additionné à la solution d'éther (A′) du précipité. Cette solution éthérée (A′), fournie, comme je l'ai dit, du précipité alcoolique dissous dans l'éther, est soumise à une suite de refroidissements répétés au-dessous de zéro. Il se forme deux parties bien distinctes, l'une liquide (a) et l'autre solide (b), qu'on sépare par filtration.

Le corps liquide (a) est l'huile d'œuf qui, purifié par le noir-animal ou par une solution de HCl (1 pour 1000) est entièrement exempte de Az, de S et de cendres.

Cette huile donne à l'analyse :

$$C = 76,55; \quad H = 11,65; \quad O = 11,80,$$

composition qui se rapproche beaucoup de celle de la trioléine.

Le corps solide (b) est soluble à chaud dans l'alcool, mais il se dépose par refroidissement en gelée.

Ce corps, purifié par cristallisations successives de l'alcool bouillant, est blanc cristallin; il fond à 70°-71°. Il ne contient pas ni Az, ni Ph, ni S, ni cendres. Il donne à l'analyse :

$$C = 76,20; \quad H = 12,20; \quad O = 16,20.$$

J'ai identifié ce corps avec la tristéarine dont il a le point de fusion. La *tristéarine* et l'huile d'œufs, soumis à la saponification par la potasse alcoolique, ont donné respectivement de l'acide stérique et oléique et de la glycérine.

L'alcool de la solution alcoolique, privé de toute trace d'huile, est évaporé. On a un résidu mou (C) et jaunâtre. Une partie de ce résidu, dissous dans l'éther et additionné d'un excès d'alcool fort, ne doit donner aucun précipité, sinon il resterait encore de l'huile d'œufs. Ce résidu jaunâtre (C) est dissous dans une faible quantité d'éther; par addition d'acétone à cette solution éthérée, on obtient un précipité plutôt blanc (D), adhérent au récipient et très visqueux, probablement l'ancienne matière visqueuse de Gobley. Ce précipité (D), lavé plusieurs fois à l'acétone, dissous dans l'éther, dépose, par refroidissement réitéré au-dessous de zéro, un corps blanc cristallin qu'on s'épare par filtration.

Il faut mille et cinquante jaunes d'œufs pour obtenir 15^g de ce corps. Il est soluble dans l'alcool à chaud, dont il précipite par refroidissement; il est neutre, mais les cendres sont légèrement acides. Il est très riche en azote et en phosphore; il fond à 180°, et il a donné à l'analyse :

$$C = 64,80; \quad H = 11,30; \quad N = 3,66;$$
$$Ph = 1,35; \quad S = 0,40; \quad O = 18,49.$$

Ce corps, mêlé de tristéarine, fut entrevu à l'état impur par Gobley, qui l'appela *cérébrine*. Il se rapproche, par sa composition, de l'acide cérébrique de Freny ou cérébroïne. Je propose de lui donner le nom d'*ovine*.

Après avoir évaporé l'éther, dont l'ovine a été séparée, il reste une masse molle, jaunâtre, communément connue sous le nom de *lécithine*.

L'acétone qui a servi à précipiter la prétendue lécithine est complètement évaporé. Le résidu, qui est très jaune, est dissous dans la moindre quantité d'alcool, et, par refroidissement répété à zéro, on sépare la totalité de la cholestérine qui, purifiée par saponification à la potasse alcoolique, fond à 145°, et se colore en rouge par H^2SO^4.

Elle a donné à l'analyse :

$$C = 83,44; \qquad H = 11,84; \qquad O = 4,72.$$

Dès que toute la cholestérine a été éliminée, il reste une solution alcoolique très jaune, généralement connue sous le nom de *lypochrome* ou de *lutéine*.

Comme on le voit, la fraction A, après l'élimination complète de l'huile, de la tristéarine, de l'ovine et de la cholestérine, a donné deux mélanges que je dois encore examiner : la prétendue lécithine (mélange I) et la prétendue lutéine ou le prétendu lypochrome (mélange II).

J'étudierai d'abord le lypochrome ou lutéine, et ensuite je terminerai l'étude de la fraction A par l'analyse du mélange dit *lécithine*.

Mélange II. — Les hypochromes, en général, et la lutéine du jaune d'œuf doivent être considérés comme des mélanges de corps gras et de matière colorante.

L'alcool d'où l'on a précipité la cholestérine est évaporé; le résidu très jaunâtre, presque liquide, est divisé en trois lots.

Un lot (50^g) est dissous dans l'éther, solution éthérée (α); un lot (50^g) est dissous dans la benzine, solution benzinique (β), et, enfin, le dernier lot (50^g) est laissé en suspension dans 1 litre d'eau additionnée de $0^{cm^3},50$ d'acide chlorhydrique (émulsion chlorhydrique) (γ).

Partie α. — La solution éthérée des hypochromes est versée sur un dialyseur très large, en ayant soin de renouveler les eaux du dialyseur et de remplacer par une nouvelle quantité d'éther celui qui s'évapore.

Les eaux du dialyseur se colorent en jaune; elles sont réunies et forment la solution aqueuse et neutre des lypochromes.

Les eaux colorées sont concentrées à la température de 55° au bain-marie. Le résidu est agité avec un excès d'alcool à 85° avec des traces de chloroforme. Il se forme deux couches, une couche (*a*) très petite, colorée, et une couche très grande ou couche alcoolique (*b*).

L'alcool est distillé jusqu'au tiers de son volume. Le résidu filtré est concentré dans le vide. Il se dépose des cristaux aciculaires, solubles dans l'eau, qui précipitent en blanc par le nitrate d'argent, mais le précipité ainsi formé se redissous dans l'acide nitrique et l'ammoniaque.

Ces cristaux, ayant donné Ph 29 pour 100 et n'ayant pas donné un précipité jaune par le nitrate d'argent, ne peuvent contenir le Ph qu'à l'état d'acide métaphosphorique.

D'autre part, ces cristaux donnent à la flamme la couleur jaune du sodium, donc ces cristaux sont des cristaux de métaphosphate de sodium.

La couche (*a*), séchée à l'étuve à 37° ou dans le vide, est formée par un résidu jaunâtre.

Ce résidu ne contient la moindre trace de glycérine. Une partie de ce résidu est soumis à l'hydrolyse 1 pour 100 de H^2SO^4, pendant trois jours au bain-marie.

Dans la solution concentrée, après élimination complète de H^2SO^4 par l'eau de barite, on ajoute le chlorure de platine et un excès d'alcool qui provoque un précipité de chloroplatinate (45,75) de la masse employée. Ce précipité insoluble dans l'alcool est dissous dans l'eau d'où il cristallise en aiguilles jaunâtres par évaporation rapide, ou en beaux prismes par évaporation lente. Ces cristaux fondent à 215°, mais en se décomposant.

L'analyse de ce chloroplatinate a donné :

$C = 19,45$; $H = 7,95$; $N = 443$; $Pt = 31,10$; $Cl = 32,12$; $S = 0,56$; $O = 3,39$.

Le chlorhydrate cosrespondant forme une masse hygroscopique, vaguement cristalline, qui est soluble dans l'alcool chloroformique et qui contient $S = 0,42$ pour 100.

Ce chlorohydrate qui est toujours colorée en jaune, additionné de carbonate d'argent, est distillé à basse température et recueilli dans une solution acidifiée par l'acide chlorhydrique. La solution chlorhydrique par évaporation, abandonne des cristaux blancs, absents de soufre, qui sont probablement des cristaux de trimétylamines. Le carbonate d'argent éliminé par l'H^2S laisse une matière colorante jaune, qui est l'ovocromine.

La liqueur d'où le chloroplatinate a été séparé après élimination complète du platine par H^2S à chaud et de HCl par le carbonate d'argent laisse un résidu qui, purifié, est solide, coloré en jaune, et seulement soluble dans l'eau, ou ovochromine.

Dès qu'on a constaté que les eaux du dialyseur ne se colorent plus, on trouve sur le dialyseur un corps blanc, disposé en petites sphérules, entremêlé avec de l'huile. On filtre pour séparer l'huile. Le corps blanc resté sur le filtre est dissous dans l'éther et purifié par cristallisations, rejeté dans l'éther. Il fond à $62°$.

Ce corps blanc est complètement dépourvu de Az, de S et de Ph ; il ne laisse pas de cendres, il donne à l'analyse

$$C.76,30 \qquad H.11,80 \qquad O.11,90$$

J'ai identifié ce corps avec la tripalmitine. Saponifié par la potasse alcoolique, il se dédouble en acide palmitique

$$C.75,53 \qquad H.12,09 \qquad O.12,38$$

et glycérine.

En séparant par filtration la trypalmitine de l'huile, on trouve que l'huile est encore colorée. On la décolore à l'aide d'une agitation prolongée avec l'eau distillée acidulée avec l'HCl (1 pour 1000). L'huile séparée de l'eau chlorhydrique, lavée à l'eau distillée chaude pour enlever l'HCl, traitée par le noir-animal, finit par donner une huile insoluble dans l'alcool, parfaitement semblable à l'huile déjà étudiée.

PARTIE β. — *Solution benzinique.* — Cette solution est agitée par une partie égale d'eau distillée. Au bout de quelque temps, on constate que l'eau se colore en jaune.

Cette eau évaporée ne contient la moindre trace de glycérine, mais elle donne des cristaux de métaphosphate de sodium et l'ovochromine.

Partie γ. — *Solution acidulée des lypochromes.* — On laisse pendant 3 jours cette solution au bain-marie et à une température de 85°. Il se forme deux couches, une liquide (l) et l'autre solide (s).

Les couches sont séparées par filtration.

La couche (s) est lavée à l'eau bouillante sur le filtre, jusqu'à ce que l'eau de lavage ne donne plus la réaction de chlorure.

La partie neutre (s), restée sur le filtre, est dissoute dans l'alcool méthylique.

Il se dépose avec le temps des sphérules de tripalmitine. Dès que toute la tripalmitine est séparée ou filtrée, le résidu est repris par une nouvelle quantité d'alcool méthylique qui, après avoir permis une nouvelle séparation de tripalmitine, finit par donner une huile insoluble dans l'alcool éthylique.

L'eau de la couche (s) est évaporée au bain-marie à une température de 50°, jusqu'à la moitié de son volume. L'autre moitié doit être évaporée à l'étuve à 37°C. Le résidu solide jaunâtre, après avoir constaté qu'il ne contient la moindre trace de glycérine, est dissous dans la moindre quantité d'eau et additionné de chlorure de platine.

L'alcool y provoque un précipité abondant. Le chloroplatinate fond à 215° et présente à l'analyse la même composition du chroroplatinate examiné dans la partie (α). Après avoir éliminé le chloroplatinate, on trouve, comme dans la partie (α), l'ovochromine.

Les corps gras des lypochromes peuvent se séparer incolores : ainsi tombe la distinction de corps gras unis chimiquement à des principes colorants.

Mélange I. — Le mélange appelé *lécithine*, même après qu'il a été dissous dans l'alcool, précipité par le chlorure de cadmique et régénéré de ce précipité, n'est pas un principe défini. Voici la preuve : cette matière, étant dissoute dans l'alcool absolu, abandonne, après quelque temps, de l'huile et de la cholestérine qu'on sépare par filtration. On évapore alors complètement cette solution alcoolique, et le résidu est divisé en quatre lots inégaux :

I. Un lot de 100ᵍ est dissous dans l'éther et forme la solution lécithinique éthérée ;

II. Un lot de 100ᵍ est dissous dans l'alcool méthilique et forme
la solution méthillécithinique ;

III. Un lot de 100ᵍ est laissé en suspension dans un litre d'eau
distillée, acidulée avec 0ᶜᵐ³,50 HCl (émulsion lécithinique acide);

IV. Un lot de 70ᵍ est dissous dans l'alcool et additionné d'eau
distillée et de formol 2 pour cent (solution lécithinique-formolée).

I. — SOLUTION LÉCITHINIQUE ÉTHÉRÉE.

Cette solution éthérée est soumise à la dialyse pendant 2 ou 3 se-
maines, en ayant soin de renouveler les eaux du dialyseur et de remplacer par une nouvelle quantité d'éther celui qui s'évapore. Le
dialyseur doit être recouvert par une plaque en verre, afin d'éviter
l'évaporation rapide de l'éther.

Les eaux du dialyseur se colorent en jaune, elles sont évaporées à
douce température et laissent un résidu insoluble dans l'alcool (absence complète de glycérine). Après avoir constaté que le résidu ne
contient la moindre trace de glycérine, il est redissous dans la
moindre quantité d'eau et soumis à son tour à la polydialyse.

Les eaux presque incolores des deux derniers dialyseurs, ainsi
que du cristallisoir, sont évaporées à l'étuve à 37°, et abandonnent
des cristaux de métaphosphate de soude. Les eaux des deux premiers
dialyseurs sont évaporées et le résidu, soumis à l'hydrolyse chlorhydrique (1 pour 100), donnent, comme produits de dédoublement,
un chloroplatinate qui fond à 215°, parfaitement analogue au
chloroplatinate, déjà examiné, de la triméthylamine, et de l'ovochromine.

La masse gélatineuse éthérée, restée dans le dialyseur, est reprise
par un excès d'éther et filtrée. Sur le filtre, on trouve un peu
d'ovine; ceci prouve encore comme la prétendue la lécithine soit
un mélange.

L'éther étant évaporé, le résidu est repris par l'alcool fort. A la
solution alcoolique, on ajoute de l'eau distillée, jusqu'à ce qu'un
léger trouble se produise. On laisse le tout au repos pendant
quelque temps.

Cette solution alcoolique, additionnée d'eau, se divise avec le temps en deux couches bien distinctes, à savoir : (a) une couche inférieure liquide, et une couche supérieure (b) solide, qu'on sépare par filtration.

La couche supérieure (b) solide est formée d'huile et de tripalmitine (point de fusion, 62"), qu'on sépare aussi par filtration.

L'alcool de la couche liquide (a) étant évaporé, le résidu aqueux est agité par l'éther, afin de lui enlever le peu de corps gras que l'alcool avait entraîné. Le résidu aqueux, débarrassé des traces de corps gras, est coloré en jaune.

Il est soumis à la polydialyse. On évapore à basse température les eaux du troisième et quatrième dialyseur, ainsi que les eaux du cristallisoir, et l'on y trouve des cristaux de métaphosphate de sodium. Les eaux du premier et deuxième dialyseur sont réunies et soumises à l'hydrolyse chlorhydrique (1 pour 100). Dans les produits de doublement, on ne trouve pas de glycérine, mais on y trouve, après addition de chlorure de platine et alcool, le chloroplatinate qui fond à 215° et l'ovochromine.

II. — SOLUTION MÉTHYLLÉCITHINIQUE.

A cette solution méthyllécithinique, on ajoute de l'eau distillée, jusqu'à ce qu'un léger trouble se produise. On refroidi à 0°. Il se fait un précipité qu'on sépare par décantation et qu'on reprend par l'éther qui le dissous complètement (a). L'alcool méthylique, de la partie décantée, est évaporé; le résidu est repris par l'éther. Il se forme deux couches : l'une aqueuse (b), et l'autre éthérée (c), qu'on sépare à l'aide de la boulle à décantation. La couche éthérée (c) est ajoutée à la partie (a). L'éther est évaporé; le résidu est repris par l'alcool méthylique, qui le dissous complètement ; à cette solution méthylalcoolique, on ajoute une nouvelle quantité d'eau distillée, et l'on répète toute la suite des opérations ci-dessus indiquées jusqu'à ce que la dernière couche aqueuse (b) reste incolore.

La solution méthyllécithinique a donc donné deux parties distinctes : l'une aqueuse (b) colorée, et l'autre éthérée. L'éther est évaporé; le résidu est repris par la moindre quantité d'alcool méthylique auquel on ajoute de l'eau distillée. Il se forme, après quelque temps, deux couches : l'une inférieure (*m*), l'autre supérieure (*n*), qu'on sépare à l'aide de la boulle à décantation. L'alcool méthylique de la couche inférieure est évaporé, le résidu aqueux, dégraissé par un peu d'éther, est additionné à la partie aqueuse (*b*). La couche supérieure (*n*) contient la tripalmitine et un peu d'huile qu'on sépare par filtration.

La partie aqueuse (*b*) ne contient la moindre trace de glycérine, elle est soumise à la polydialyse. On évapore, à basse température, les eaux du cristallisoir et des deux derniers dialyseurs, et l'on y trouve les cristaux de métaphosphate de sodium. Le produit resté dans le premier et deuxième dialyseur est soumis à l'hydrolyse chlorhydrique (1 pour 100), et, après addition de chlorure de platine et d'acool, on obtient le chloroplatinate, fusible à 215°, et l'ovochromine.

III. — SOLUTION LÉCITHINIQUE ACIDE.

L'HCl (1 pour 1000), même à chaud et pour un espace de temps très prolongé, ne provoque pas un dédoublement des corps gras en acides gras et glycérine.

Cette émulsion lécithinique acide est laissée pendant 6 heures au bain-marie à la température de 37°. Il se forme deux couches bien distinctes ; l'une liquide (*a*) très colorée, et l'autre solide (*b*) qu'on sépare par filtration. La couche solide est lavée à l'eau distillée bouillante, jusqu'à ce que les eaux de lavage ne donnent plus la réaction de chlorure. Ensuite, elle est dissoute dans l'alcool méthyique et, par le temps, il se dépose des cristaux de tripalmitine et de l'huile.

On évapore à douce chaleur (55$^{cm^3}$) l'eau de la couche liquide (*a*). Le résidu ne contient la moindre trace de glycérine. Ce résidu repris par un peu d'eau et additionné de chlorure de platine et d'alcool, donne le même chloroplatinate fusible à 215°, déjà examiné. Ce chloroplatinate fournit un peu de trimethylamine. Dans les eaux mères, d'où le chloroplatinate avait été séparé, on trouve de l'ovochromine.

IV. — SOLUTION LÉCITHINIQUE FORMOLE.

Cette solution est gélatineuse; elle se divise, avec le temps, en deux couches : l'une inférieure (*a*) liquide, l'autre supérieure solide (*b*).

La couche supérieure est formée de tripalmitine et huile, qu'on sépare par filtration.

La couche inférieure, soumise à l'hydrolyse chlorhydrique (1 pour 100), après avoir chassé le peu de formol par une ébullition prolongée, donne, par addition de chlorure de platine et d'alcool, le chloroplatinate qui fond à 215° et l'ovochromine.

Resumé. — Le mélange formé par le prétendu lypochrome, et le mélange formé par la prétendue lécithine ont donné les mêmes principes. Le mélange lypochromique est plus riche en métaphosphate de sodium, en huile et en ovochromine, le mélange lécithinique est plus riche en tripalmitine.

Le mélange lécithinique, en solution alcoolique mélangé d'eau, finit par abandonner à l'eau la totalité des métaphosphates solubles et l'ovochromine.

Dès que les métaphosphates se sont dissous dans l'eau ainsi que l'ovochromine, il se sépare, d'une manière intégrale, la tripalmitine et l'huile.

Toute lécithine contient du soufre : les lécithines commerciales, bien préparées, contiennent aussi du soufre; les lécithines commerciales, altérées, contiennent une quantité moindre de soufre; ce qui prouve que le soufre est organique.

Il n'est guère possible d'obtenir, après l'hydrolyse acide d'une prétendue lécithine, un chloroplatinate absent de soufre, car tout chloroplatinate contient des traces plus ou moins grandes d'ovocromine.

Le chlorydrate est toujours légèrement coloré et il contient toujours du soufre. Le chlorydrate mêlé de carbonate d'argent donne après distillation le chlorydrate de trimétylamine.

En résumé, la prétendue licithine contient

(*a*) trimétylamine,
(*b*) traces d'acides valérique,
(*c*) traces d'acide butyrique,
(*d*) traces d'ovine,
(*e*) ovocromine,
(*f*) tripalmitine, ·
(*g*) huile,
(*h*) métaphosphate de sodium,
(*j*) sels insolubles que je n'ai pas encore examinés.

Absence complète de choline, laquelle résulte formé de triméthylamine et ovocromine.

Ce mélange d'environ dix principes différents et de sels a été identifié par un principe unique dont plusieurs ont même essayer une synthèse. Une formule, résultat probable d'une longue élaboration fantaisiste et d'un calcul soigné, une formule, dis-je, basée sur les produits de dédoublement provoqué par la saponification baritique en choisissant diligemment parmi les produits de dédoublement ceux qui pouvaient être utiles, en éliminant ceux qui pouvaient nuire, une formule, dis-je, à consacrer ce mélange.

Il est né ainsi la tradition ,une molécule de glycérine unie avec l'acide phosphorique forme l'acide phosphoglycérique :

$$
\begin{array}{l}
CH^2\,OH \\
CH^2\,OH + HO\,P\,O{\displaystyle \overset{OH}{\underset{OH}{<}}} \\
|\\
CH^2\,OH
\end{array}
\;=\;
\begin{array}{l}
CH^2\,OH \\
CH\ OH \\
CH^2\,O\,PO{\displaystyle \overset{OH}{\underset{OH}{<}}} + H^2O
\end{array}
$$

Glycérine.
Acide phosphoglycérique
($C^3\,H^9\,PO^6$).

(*b*) L'acide phosphoglycérique en se combinant avec 2 *molécules* l'acide stéarique forme l'acide distéarilphosphoglycérique.

$$
\begin{array}{l}
CH^2\,O\,PO{\displaystyle \overset{OH}{\underset{OH}{<}}} \\
|\\
CH\,OH \\
|\\
CH^2\,OH
\end{array}
\;+\;
\begin{array}{l}
HO\,C^{18}\,H^{35}\,O \\
HO\,C^{18}\,H^{35}\,O
\end{array}
\;=\;
\begin{array}{l}
CH^2\,O\,PO{\displaystyle \overset{OH}{\underset{OH}{<}}} \\
|\\
CH\,O\,C^{18}\,H^{35}\,O + H^2O \\
|\\
CH^2\,O\,C^{18}\,H^{35}\,O
\end{array}
$$

Acide
phospho-
glycérique.
Acide
stéarique.
Acide
distéarylphospho-
glycérique ($C^{93}\,H^{77}\,PO^8$).

(γ) L'acide distearilphosphoglycérique en se combinant avec molécule de choline forme la distearillicithine.

$$CH^2.O,C^{18}H^{35}O$$
$$CH.O.C^{18}H^{35}O$$
$$CH^2.O.PO\genfrac{}{}{0pt}{}{OH}{OH} \quad + \quad HO.N\genfrac{}{}{0pt}{}{CH^3}{CH^3}$$

Acide distéa-
rylsphosphorique.

Choline.

$$= H^2O + CH^2.O.C^{18}H^{35}O \qquad HO—N\genfrac{}{}{0pt}{}{CH^3}{CH^3}$$
$$CH.O.C^{18}H^{35}O$$
$$CH^2.O.PO\genfrac{}{}{0pt}{}{OH}{O}———CH^2$$

Distéaryllécithine ($C^{44}H^{90}NPO^9$).

La lécithine, bouillie avec l'eau de bacite, se dédouble, prend $4\,H^2O$ dans la manière suivante

$$C^{44}H^{90}NPO^9 + 4H^2O = HO — N\genfrac{}{}{0pt}{}{CH^3}{CH^3} \quad CH^2OH$$

$$CH^3 + CHOH + 2\,C^{18}H^{36}O^2$$
$$(^1)$$
2 M. ac. st.

$$CH^2OH \qquad CO^2OPO\genfrac{}{}{0pt}{}{OH}{OH}$$

Choline.

Acide
phosphorique
du
phosphoglycérate
de baryum.

Telle la formule classique.

Mais si à cette formule on essaye d'ajouter le S (soufre organique) que tout mélange dit lécithinique contient, on s'aperçoit que cette formule, ayant négligé un élément des plus important, est complètement erronée.

En outre, le mélange dit *lécithine*, soumis à un hydrolyse 1 pour 100 de H^2SO^4, donne du Ph, mais ne donne jamais de gly-

---

(^{1}) 2 molécules d'acide stéarique du stéarate de baryum.

cérine, donc il ne peut pas exislé un acide glycéro-phosphorique.

Le phosphore, dans le mélange lécithinique, ne se trouve pas à l'état d'acide phosphorique, mais à l'état d'acide métaphosphorique car il est séparé par dialyse en cristaux de mctaphosphates de soude.

J'ai montré que toute la tristéarine se sépare complètement de l'huile précipitée par l'alcool; pour cette raison, il n'y aura même pas une distearillecithine.

J'ai montré que, par dialyse et par d'autres méthodes, on peut séparer la tripalmitine.

Par l'ensemble de ces preuves, on peut établir :

1. Les corps gras, proprement dit, peuvent être entièrement enlevés au jaune d'œuf, à l'aide de solvants neutres, et dans un état de presque absolue pureté. Par saponification, ils donnent seulement de la glycérine et les acides gras correspondants.

2. Ces corps gras tiennent, en solution, des principes azotés qui peuvent en être séparés par simple dialyse et sans qu'intervienne aucune hydrolyse acide ou basique.

Parmi ces principes azotés on ne trouve pas de choline.

3. Le phosphore n'est pas unis à la glycérine sous forme de acide glycérophosphorique, car il passe à la dialyse. Tout le phosphore qu'on y trouve provient (a) du métaphosphate de sodium, et (b) de phosphate insoluble que je n'ai pas encore examiné.

Bref, la glycérine d'une lécithine est la glycérine de corps gras; les acides gras sont les acides gras des corps gras; l'acide phosphorique provient des phosphates solubles ou insolubles; la choline est formé d'un mélange de triméthylamine et d'ovocromine.

Si un jour on voulait avoir une preuve, en Chimie biologique, jusqu'à quel point la fantaisie prime l'expérimentation longue et patiente, il suffira de se rappeler la formule, bien trop savante, de la disteorillecithine.

D'après ce que je viens d'exposer, il faut radier de la littérature chimique :

(1) Les lécithines libres ou combinées.

(2) La choline.

(3) Les hypochromes et la lutéine.

(4) Les nucléo-albumine.

(5) Le phosphore conjugué et le phosphore organique.

(6) L'acide glycéro-phosphorique comme principe biologique.

SÉPARATION QUANTITATIVE.

1050 Jaunes d'œufs employés, pesant 19^{kg},290.

	kg
Vitelline pure non séchée à 110°.................	4,700
Paravitelline.......................	0,145
Ovochromine........................	0,040
Chlorure de sodium.....................	0,060
Extrait liquide de la fraction sulfocarbonée A....	5,900
Eau par différence...........................	9,445
	19,290

Fraction sulfocarbonée ou fraction A.

	kg
Huile d'œuf	3,330
Huile et tristéarine......................	0,730
Mélange lécithinique	1,250
Mélange lypochrome.....................	0,380
Ovine	0,015
Cholestérine	0,195
	5,900

RÉSUMÉ DES OPÉRATIONS CHIMIQUES.

1050 jaunes d'œufs frais additionnés d'un excès de CS² donnent après trois mois :

FRACTION A.

Distillation du CS². Le résidu liquide est repris par la benzine; distillation de la benzine; le résidu liquide dissous dans l'éther pur.

Fraction A (ou solution éthérée définitive).
L'addition d'un excès d'alcool donne :

- **Précipité qui,** lavé à l'alcool fort jusqu'à ce que celui-ci soit incolore, repris par l'éther à la suite de refroidissements réitérés à zéro, donne :
  - huile d'œufs — tristéarine séparables par filtration.

- **Solution alcoolique,** distillation de l'alcool, élimination de l'huile d'œuf qui se dépose et le résidu est dissous dans l'éther :
  - **Solution éthérée A'** qui, additionnée d'acétone, donne :
    - **Précipité** repris par l'éther par refroidissement donne l'ovine séparable par filtration. La solution éthérée résiduelle forme la solution éthérée du mélange lécitinique qui
      - par dialyse donne : sur le dialyseur : ovine. tripalmitine. huile.
      - sous le dialyseur : traces d'acides gras volatiles. triméthylamine. ovochromine. métaphosphate de sodium.
    - **Solution acétonique;** distillation de l'acétone, le résidu repris par l'alcool fort par refroidissement à zéro donne :
      - un précipité de cholestérine séparable par filtration.
      - une solution alcoolique ou lypochromine.
      - Le lypochrome par dialyse donne : sur le dialyseur : tripalmitine. huile.
      - sous le dialyseur : traces d'acides gras volatiles. triméthylamine. ovochromine. métaphosphate de sodium.

Fraction A. (fraction liquide ou sulfocarbonée).

Masse b (partie insoluble) qui, traitée par l'alcool fort, donne :

- **Partie alcoolique + CS²,** distillation du CS², évaporation de l'alcool. On a un résidu pâteux qui, traité par le chloroforme, donne :
  - **Partie insoluble** qui, séparée par filtration, donne la fraction C ou paravitelline.
  - **Partie chloroformée.** — **Fraction B** (partie aqueuse).
    - Séparation à la boule de décantation.
      - Évaporation du chloroforme, résidu complètement dissous dans un peu de CS² est additionné à la fraction A.
      - Soumise à la polydialyse donne : chlorure de sodium et ovochromine.

- **Résidu insoluble** qui, étalé dans cuvettes pour évaporer le CS² et l'alcool, séché à 3?° épuisé par l'alcool-éther, donne :
  - **Solution alcool éthéré,** distillation de l'alcool-éther, résidu complètement dissous dans un peu de CS² est additionné à la fraction A.
  - Fr... ovo...

LA RÉTINE.

LA RÉTINE N'EST PAS UN TISSU NERVEUX.

Anatomie. — La sclérotique dans la partie destinée à recevoir le nerf optique présente une excavation plus ou moins profonde ou cavité sclérale.

Le fond de cette cavité est formé par une lame ronde qui a la même section de l'optique. Cette lame constituée par un tissu conjonctif épais, transparent, de la même nature que le tissu de la cornée est appelée *lame cornéale postérieure* ou *diaphragme optique.*

Ce diaphragme offre une surface antérieure plane-concave ou plan optique et une surface postérieure concave qui s'adapte exactement à la terminaison convexe du nerf optique. Le nerf optique se termine dans la cavité sclérale.

Plusieurs tubes du nerf optique traversent toute l'épaisseur de la lame cornéale postérieure dans les bords latéraux ou antérieurs de celle-ci et sans se terminer dans la rétine ils s'arrêtent au même niveau du plan optique.

La surface centrale très grande de ce plan est représentée par le tissu conjonctif transparent, tandis que la surface antérieure ou latérale de ce même plan est constituée par les petites couronnes que les tubes nerveux terminaux dessinent, pour présenter à la face postérieure de la rétine, seulement leur contenu ou neuroplasme.

Dès que le nerf optique a été enlevé de la cavité sclérale tout l'œil se divise en deux parties, une partie pour ainsi dire de nature à prévalence physique ou dioptrique, et une partie de nature à prévalence physiologique, neurale, ou sensitive. Il en résulte de cette distinction que toutes les lésions de la partie physique sont plus ou moins curables, tandis que toutes les lésions de la partie neurale sont permanentes et définitives.

Histologie. — La rétine, membrane très mince, se divise en deux parties, l'une globare et l'autre ciliaire. La face antérieure et posté-

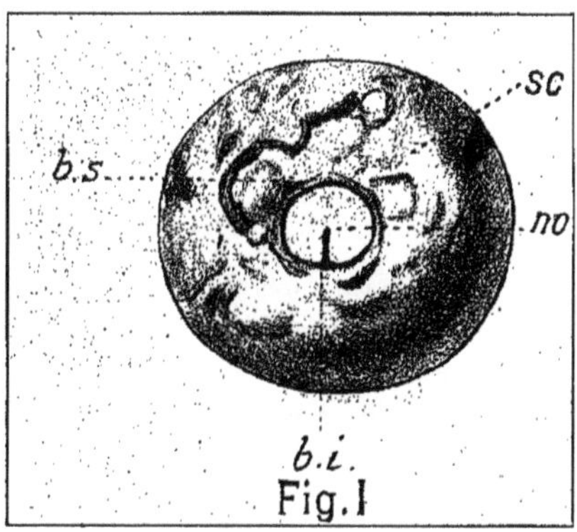

Terminaison du nerf optique du bœuf dans la cavité schlérale.
sc. schlérotique. — *bs.* bord supérieur de l'optique; *bi.* son bord inférieur.
no. division de l'optique.

rieure de la rétine globare est formée par des cellules épithéliales, hexagonales très petites, séparées par un faible tissu conjonctif qui

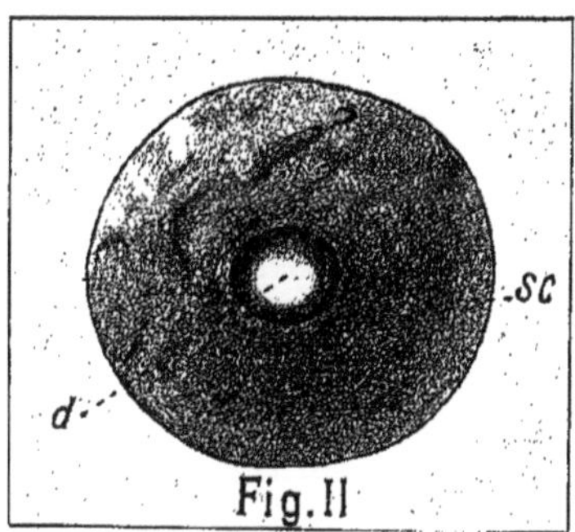

Diaphragme optique du cheval ou par transparence.
sc. schlérotique. — *d.* lame cornéale postérieure ou diaphragme optique.

se rapproche de beaucoup du tissu du cristallin étudié dans les mêmes conditions de durcissement (acide osmique). Ces cellules épithéliales au niveau de l'*ora serrata* se transforment en cellules cylindriques et sous le nom de *cônes et batonnets* recouvrent les processus cyliaires. La rétine comme je l'ai déjà annoncé ne contient pas de cellules nerveuses [1]. Dans ces derniers temps j'ai longuement cherché les tubes nerveux que je n'ai pas encore trouvé bien que j'ai vu et décrit des terminaisons nerveuses dans les artères [2].

PHYSIOLOGIE. — La section des optiques (lapins) est toujours suivie d'une rigidité permanente de la pupille, car la pupille (a) ne réagit plus à la lumière, (b) ne se contracte pas à la suite des injections de strychnine et d'éserine, (c) ne se dilate pas à la suite des injections d'atropine [3].

La section des optiques est toujours suivie d'une atrophie lente et progressive du globe oculaire. Les nerfs optiques sectionnés (20 lapins) gardent toujours leur structure normale entre la section et le chiasma, mais ils dégénèrent toujours et complètement entre la section et le diaphragme optique, ce qui prouve que la rétine ne peut donner origine aux nerfs optiques.

J'ai déjà relaté [1] que par des compressions méthodiques on peut vider les nerfs optiques frais de bœufs de tout leur contenu ou neuroplasma. Et en comprimant 1000ᵍ des nerfs optiques frais de bœufs j'ai obtenu 500ᵍ de neuroplasma dont je relaterai plus tard l'analyse chimique.

On ouvre les yeux des mammifères [5] chien, cheval, bœuf, mouton, porc, quelque temps après leur mort (une heure) selon un plan qui passe en dessous de l'ora serrata. On enlève l'humeur vitrée, en ayant soin que la rétine ne se décolle pas de la choroïde. On pratique une compression des optiques 2ᶜᵐ avant leur pénétration dans la cavité sclérale. Tout de suite on observe un peu de neuro-

[1] *XIᵉ réunion de l'Association des anatomistes.* Nancy, 1909.

[2] *Journal d'Anatomie et Physiologie,* octobre 1898.

[3] *Comptes rendus de l'Association des Anatomistes,* 11ᵉ réunion, Nancy, 1909, p. 78-81. — BARBIERI, *La rétine (Verhandlungen der Anatomischen Gesellschaft auf der XXIII Versammlung in Giessen,* april 1909, p. 83-85). — BARBIERI, *La structure de la rétine.*

[4] *Le neuroplasma est mobile (Comptes rendus,* 8 mai 1911).

[5] J'ai constaté les mêmes faits sur les yeux de l'homme.

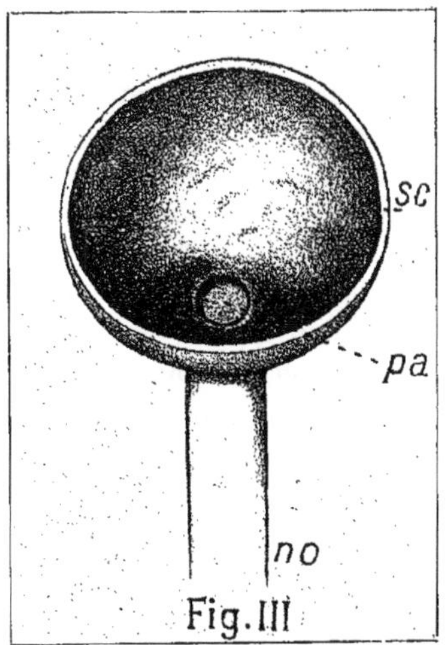

Chambre postérieure de l'œil du bœuf.

sc, schlérotique. — *pa*, plan optique. — *no*, nerf optique.

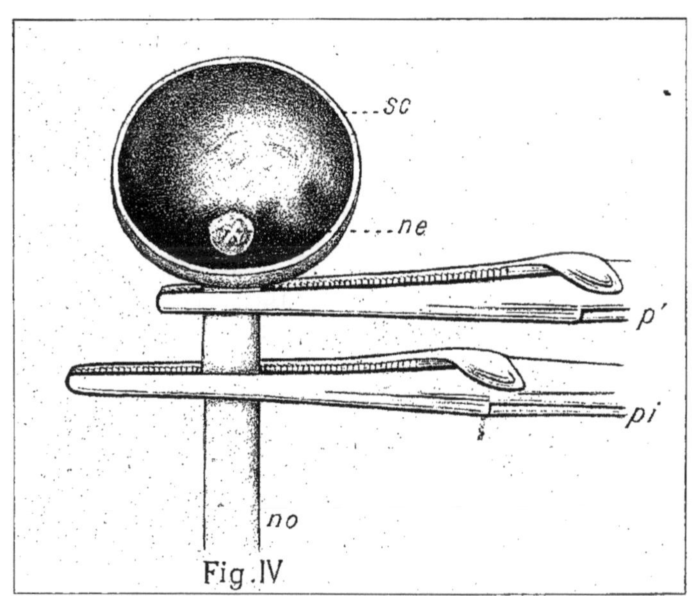

Plan optique de l'œil du bœuf après la compression.

sc, schlérotique. — *ne*, neuroplasma extravasé par les terminaisons diaphragmatiques des tubes nerveux de l'optique. — *no*, nerf optique. — *p* et *pi*, pinces.

plasma sortir des tubes nerveux des optiques qui traversent la lame
corneale postérieure et se recueillir dans le plan optique sous forme
circulaire. Ce neuroplasma qui a le même aspect, les mêmes caractères morphologiques, les mêmes réactions chimiques de neuroplasma extravasé par compression de nerfs frais, ce neuroplasma
dis-je est toujours extrarétinien. Il n'est guère possible d'obtenir
une seule fois que, à la suite d'une telle compression, la rétine
puisse prendre une forme bombée ou présenter quelque tuméfac-
tion, comme cela aurait du se produire si quelque tube du nerf
optique se terminait dans la rétine.

CHIMIE. — 2500 yeux de bœufs ont fournis 1150ᵍ de rétine.
175ᵍ de rétine ont servi pour trouver la méthode d'analyse, 150ᵍ ont
été séché à 110° à fin d'établir l'eau et les composants du résidu :
825ᵍ de rétine ont été employé pour l'étude chimique.

Dans les abattoirs de Paris les bœufs sont tués ou par abatage ou
par saignée. Les rétines des bœufs tués par saignée sont toujours
blanches, mais elles peuvent prendre la couleur pourpre si elles
sont triturées avec du sang de bœuf. Les rétines des bœufs tués par
abatage peuvent parfois présenter une couleur pourpre, mais cette
couleur disparaît si les rétines sont traitées avec de l'acide acé-
tique 0,50 pour 100. Les rétines des chevaux sont presque dé-
pourvues des vaisseaux sanguins et pour cette raison elles sont
toujours blanches. Blanches sont toujours les rétines des porcs et
des moutons. La couleur pourpre est seulement donnée par le sang
extravasé. La rétine cilière presque dépourvue des ramifications
vasculaires est toujours blanche. Je n'ai pas encore isolé un seul
milligramme de la prétendue rhodopsine. La rétine est d'une part
accolée à l'humeur vitrée qui devient liquide par battage et passe
complètement à travers les filtres ; et d'autre part elle est accolée à
la choroïde.

La face interne de cette choroïde est divisée en deux parties :
l'une noire et l'autre (*tapetum*) a une couleur d'iris. Cette irisa-
tion disparaît si l'on enlève doucement l'épithélium, qui recouvre
cette partie de la choroïde avec des assises cellulaires d'une épaisseur inégale.

825ᵉ de rétine sont plongés pendant trois mois dans 2ˡ de CS^2 pur et neutre.

Il se forme trois couches, l'une inférieure (a) sulfocarbonée à peine colorée, l'autre supérieure (b) aqueuse, et une couche solide (c) intermédiaire. On filtre. A l'aide de la bulle à décantation on sépare la couche (a) de la couche (b). La couche solide (c) restée sur le filtre est épuisée avec l'eau distillée et forme une deuxième couche aqueuse (d). Le résidu est ensuite épuisé à chaud par l'alcool fort. Et après filtration on a une partie alcoolique (e) et un résidu (f). Cette méthode permet le fractionnement de la rétine en cinq parties.

I. Partie (a) ou sulfocarbonée.
II. Partie (b) ou aqueuse naturelle.
III. Partie (c) ou aqueuse artificielle.
IV. Partie (d) alcoolique.
V. Partie (e) résidu insoluble.

I. *Étude de la Partie* (a). — On distille le CS^2 et l'on a un résidu de 8ᵍ presque liquide complètement soluble dans l'éther qui contient de la choléstérine fusible à 145° et qui se colore en rouge avec le H^2SO^4, et une huile colorée. (Absence de cérébroïne.)

II. *Étude de la Partie* (b). — Cette partie contient deux albumines dont l'une coagule à 70° et l'autre à 75°. Ces albumines précipitent par la liqueur d'Esbach et par le sulfate d'ammoniaque. On les sépare par coagulation fractionnée. Le résidu débarassé par filtration de ces deux albumines contient du chlorure de sodium, des phosphates et des principes azotés que je n'ai pas encore examiné.

III. *Étude de la Partie* (c). — Cette Partie contient les mêmes principes de la Partie II mais en très faible quantité.

IV. *Étude de la Partie* (d). — On distille et l'on a un résidu de 3ᵍ. Ce résidu est complètement soluble dans l'éther. La solution éthérée laisse déposer 32ᶜᵍ d'un principe blanc fusible à 156 mais qui est complètement soluble dans le chloroforme. (Absence complète de cérébrine). Après avoir éliminé ce corps blanc, on trouve de la choléstérine et de l'huile.

V. *Étude de la Partie (e).* — Le résidu ne présente aucun caractère qui puisse le rapprocher du tissu nerveux traité de la même manière.

J'ai appliqué à la rétine la même méthode que j'emploie pour l'étude du système nerveux.

La partie aqueuse n'a pas donné les mêmes albumines qu'on trouve dans les systèmes nerveux.

La partie sulfocarbonée reprise par l'éther n'a pas donné la moindre trace de cérébroïne.

La partie alcoolique n'a pas donné la moindre trace de cérébrine. Pour l'ensemble de cette étude je suis obligé de conclure que la rétine n'est ni un tissu ni un centre nerveux périphérique comme tous les auteurs modernes indistinctement le croient ou tout du moins le répètent.

Physique. — 1. On enlève les yeux d'un cheval quelques minutes après son abattage, on les dégarnit des annexes en laissant seulement les globes oculaires avec les nerfs optiques.

2. On coupe les nerfs optiques à la main et à l'aide d'un rasoir, jusqu'à la face postérieure concave du diaphragme optique.

3. Dès que tout l'optique est enlevé, on expose la cornée de l'un des yeux du cheval à une source lumineuse.

4. Il est très aisé de pouvoir constater que les rayons lumineux traversent tout le globe oculaire du cheval ainsi que le diaphragme optique ou lame cornéale postérieure.

5. La lame cornéale postérieure est donc transparente : et les nerfs optiques reçoivent les impressions lumineuses derrière le diaphragme optique.

6. Si une partie du nerf optique reste dans la cavité sclérale, il n'est guère possible de percevoir la lumière par la lame cornéale postérieure.

PARIS. — IMPRIMERIE GAUTHIER-VILLARS,

48775   Quai des Grands-Augustins, 55.